比萨蛋挞

烘焙魔法书

[日]三宅郁美 著 崔珊珊 译

U0292188

浙江科学技术出版社

比萨与水果挞

前言

我一直以来都想写一本关于制作比萨和水果挞的书，今天终于跟大家
见面了。

其制作过程其实是非常简单的，并且充满了乐趣。
为了让更多的朋友体会到亲手做点心的乐趣，本书介绍了很多种操作简
单的方法。

做皮儿的时候将所需的材料放到同一个容器里，晃动均匀即可。
根据自己的喜好选用配料，甚至连冰箱里剩下的东西也可以派上用场。
只要你掌握了最基本的制作方法，花样创新就任你自由发挥了。
小小的比萨和水果挞可以派上大用场。在特别的日子里用来装点气氛
或是馈赠亲友都是不错的选择。
制作方法非常简单，
即使在午餐或是下午茶的时间你也可以轻松体验。

打开烤箱那一瞬间的怦然心动，
第一时间尝到美味糕点时的那种幸福感，
无法用语言来形容，一切的一切都只源于你的妙手。
希望大家都能享受到属于自己的快乐时光。

三宅郁美

目录

Part 1

轻松烘焙
美味坯身

Part 2

迷你比萨

乳蛋风味

番茄风味

咖喱风味

奶油风味

Part 3

轻松挑战水果挞

注意事项

◎ 计量标准：大汤匙容量为15毫升，小汤匙为5毫升，玻璃杯为200毫升。

◎ 鸡蛋选用中等大小的。

◎ 由于型号不同的烤箱在加热温度、加热时间、烘焙上不相同，所以请大家根据自家烤箱的具体情况调整所需时间。

◎ 预热的时间：如果烤箱没有预热指示灯，需要注意观察加热管的情况，当加热管由红色转为黑色时，就表示预热好了。一般预热需要5～10分钟。

Part 1
轻松烘焙美味坯身

小窍门

1 材料……只要记住最基本的步骤就可以随心安排
2 搅拌……将材料放入密闭的容器里，均匀晃动
3 揉面……不使用浮面，操作简单，美味又可口
4 定型……使用保鲜膜轻松定型
5 烘焙……"略施小计"就可以使美味升级

坯身的制作方法

本书介绍的关于制作比萨和蛋挞的方法可谓是既简单又实用。书中提到的所有的烹调方法都是将所需的面粉和黄油按照2：1的比例来准备。将准备好的材料放入密闭容器，均匀晃动即可。只要你掌握了最基本的步骤，你就可以自由地挑战新花样。下面就让我们赶快来看一看基本步骤是怎样的吧！

需事先准备的工具有：①模具；②擀面杖；③小型菜刀；④密闭容器；⑤橡皮刮刀；⑥保鲜膜，以及面粉筛和雕刻花边用的小刀。

(1) 材料—— 记住基本的步骤就可自由挑战新花样

※用以下材料就可以轻松做出本书所提到的所有甜品

比萨
直径18厘米 1个
或
10厘米 4个

低筋面粉——200克

盐——1/4小汤匙

蛋黄——1个

水——1～2大汤匙

黄油（不含盐的）——100克

再放入白砂糖即可

水果挞
直径18厘米 1个
或
10厘米 4个

低筋面粉——200克

盐——1/4小汤匙

白砂糖——2大汤匙

蛋黄——1个

水——1～2大汤匙

黄油（不含盐的）——100克

※关于水的用量请参照第9页步骤5
※黄油也可以用橄榄油和酥油代替。

(2) 搅拌——将材料放入密闭容器里，均匀晃动

※在开始做之前请将黄油放入耐热的容器里用微波炉加热30秒使之融化

1. 将面粉和盐放到一起(做水果挞的时候还要放入白砂糖)，然后用面粉筛慢慢地将材料筛进密闭容器里。

2. 按压容器内部使之成凹状，倒入已经加水搅拌好的液体状蛋黄。

3. 在加入蛋黄的位置继续加入已经融化的黄油。

Point

只要上下左右均匀晃动30下就OK！

4. 盖紧盖子双手持平，上下左右均匀晃动30下。

除此之外还可以采用下列方法

用食品保鲜袋

把材料都放入袋里均匀晃动直到形成团状。

利用食物处理器

把面粉和厚约1厘米的黄油混合搅拌之后，再放入蛋黄和水，再次搅拌。

5. 直到容器中的材料成为团状为止。最好能剩下点面粉。如果没有形成团状的话就加入1汤匙水，用橡皮刮刀搅拌均匀即可。

6. 用事先准备好的橡皮刮刀取下粘在容器盖子上的面团。

7. 将保鲜膜裁成宽约30厘米的正方形。把和好的面团放在中间的位置。

※市场上出售的保鲜膜基本上都是宽30厘米的，所以只要裁成正方形即可。

8. 将面团揉成大约2厘米厚度的圆状，放入冰箱冷藏30分钟。

(3) 揉面—— 不使用浮面，操作简单，美味又可口

Point

没有粉渣，
保持厨房整洁

1. 将放在冰箱里的面团取出，放在桌面上，在其表面铺一张同等大小的保鲜膜，用擀面杖按照从上到下的顺序擀压。每45度转一圈，会使面团整体保持同样的厚度。

※如果面团已经变软了或者不成形了，请把面团再次放入冰箱，直到面团的硬度恢复适中。

2. 要是擀的过程中面饼溢出去了，请把多余的面饼拢到中间。

3. 再用擀面杖将面饼摊平即可。想要做稍微大一点的话，厚度可以定在3毫米，小型的厚度可以定为2毫米。

可以自由选择模具及容器

在第8页我给大家介绍了可以制作18厘米和10厘米大小的模具。
只要模具本身具有耐热性能即可。
请大家根据自己的喜好挑选合适的模具。家里已有的盘子、碗，甚至方形的碟子都可以使用。

铝质模具

耐热玻璃

非常轻巧便于使用。糖果和糕点专用工具店均有销售。

陶器

如果有烘烤用的碟子或者是四方形的陶制碟子均可。

结实并富有质感。烘烤之后可以直接品尝，并且非常美观。

即使没有模具也可以

没有合适的模具也没关系，将已经擀好的面饼平铺，然后用手捏出自己喜欢的花边（请参照第58页）

（4）定型—— 使用保鲜膜轻松搞定

直径为18厘米时

1. 将面饼摊开,大约比模具大出3厘米。

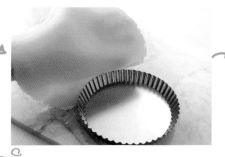

2. 在面饼上铺一张保鲜膜,然后用手将摊好的面饼倒扣入模具当中。

事先在面饼的下面铺一张保鲜膜

Point

3. 使面饼紧贴模具。

4. 再用擀面杖适当的擀压几下,使整个面饼能紧贴在模具上。

直径为10厘米时

1. 将面饼摊开,大约比模具大出1厘米。

2. 用手将面饼嵌入模具当中,去除多余部分。

（5）烘焙—— "略施小计"就可以使美味升级

Point

1. 为防止烘烤过程中面饼底部鼓起来,我们用叉子或小刀在其底部扎几个小孔,起到"透气"的作用。

2. 在表面铺一张烤箱专用纸巾。然后在纸上面放一些金属片,再放入180℃的烤箱里加热约15分钟。然后将纸巾和金属片取出,单独对面饼进行加热,时间约为5分钟。

表皮酥脆更加美味可口

3. 烘烤好了以后趁热在表皮上涂一层蛋黄(如果做的是鲜果粒蛋挞或奶油口味蛋挞,在其表面则应涂一层已经煮熟的白巧克力)。其目的是为了防止水果酱、奶油之类的液体渗入表皮,影响口感。

单独烘焙?不烘焙

原则上经过烘烤过的表皮吃起来更加酥脆可口。但是,如果用的不是调味汁而是固体的调味料的话,不对面饼进行单独烘烤也是可以的。本书当中,我们用 ○ 来标记。请大家注意。

这个时候我们还是按照原来的步骤进行操作,但是在放入180℃的烤箱里加热约15分钟之后,需将温度调低10℃再烘烤10分钟。

比萨

相信大家已经掌握了关于坯身的基本制作方法了。下面我们就一起来见证比萨的华丽变身吧！
首先给大家介绍一款经典口味的比萨。

腊肉风味比萨

大份

小份

菠菜腊肉比萨

◎ **坯身**（直径18厘米1个或10厘米4个）

低筋面粉——200克
盐——1/4小汤匙
蛋黄——1个
水——1～2大汤匙
黄油（不含盐的）——100克

◎ **调味酱**

A
鸡蛋——1个
牛奶——50毫升
鲜奶油——50毫升
盐和胡椒粉——少量

◎ **夹馅**

菠菜——4棵（约1/2把）
蘑菇——50克
腊肠——50克
黄油——1小汤匙
色拉油——1小汤匙
盐和胡椒粉——少量
奶酪——40克

使用蛋黄巧妙烘烤美味的比萨吧

一说到比萨，大家肯定会首先想到夹着蔬菜和肉的比萨吧。其实鸡蛋的香味也十分浓郁，柔滑香嫩，深受大家的喜爱。那么让我们一起来看一下具体的做法吧！

1. 和面

※请参照第8～9页的做法。
均匀晃动使之充分结合到一起之后，最好能剩下点面粉，味道会更好。

2. 擀面饼

想要做大一点的比萨，将面饼的厚度保持在3毫米。想做得小点的话，就要充分考虑到面饼跟夹心的比例平衡，所以2毫米厚即可。
※使用正方形的保鲜膜宽约30厘米，所以按照保鲜膜的大小来擀面饼的话，正好可以擀成3毫米厚。

大份  小份

3. 定型

大家要注意了，一定要让面饼完全贴在模具上。小窍门就是，用指尖轻轻地按压面饼。

在上面铺一层保鲜膜，面粉之类的东西就不容易粘到手上了。

用手一边转一边捏花边，会很漂亮。

4. 扎几个透气孔然后放入烤箱

用叉子在面饼的底部扎几个小孔，起到透气的作用。记着要在面饼上铺一张烤箱专用纸巾和一些金属片。下一步放入180℃的烤箱烘烤15分钟。然后取出纸巾和金属片，再烘烤5分钟左右。

用叉子的好处就是可以一次性搞定透气孔。

金属片要均匀地撒在纸巾上面。注意各个面饼之间要留点空隙，不要粘到一起。

5. 涂一层蛋黄

烤好之后，为了防止调味酱渗入表皮，要趁热在其表面涂一层蛋黄（用量大约是一个鸡蛋）。

刚出炉时，饼里的热劲儿可以使蛋黄凝固。这也是为什么要趁热把蛋黄涂上去的原因。

6. 制作夹馅

把切好的大小适中的食材放入平底锅中翻炒。将准备好的A调味酱全部调和到一起，制成蛋黄汁。然后用过滤网进行过滤。

先将菠菜洗净晾干，切段。切成3厘米的长度即可。将蘑菇竖切成4块。将腊肠切成宽1厘米的小块。在锅中放入色拉油和黄油，用中火把油烧热。然后将切好的蘑菇和腊肠放入锅中，轻轻翻炒之后，放入菠菜翻炒一会，最后加入盐和胡椒粉调味即可。
※炒的时候如果菠菜出水太多，不妨用专用纸巾把多余的水分吸掉。

7. 烘焙

将炒好的食材均匀地铺在烤好的面饼上面。再放入奶酪。然后将蛋黄汁浇上去，放入180℃的烤箱烘烤25～30分钟。

浇蛋黄汁的时候可以把手抬高一点，5厘米的高度即可。浇蛋黄汁的时候用量一定要适中。太多的话会溢出来。

调味酱的用量要根据比萨本身的大小来调节。如果比萨很小，不妨选用小汤匙来浇汁。

派

香浓的芝士搭配酸甜爽口的蓝莓,这就是美味绝伦的芝士口味的蓝莓派。赶快一起来看一下具体的做法吧。步骤与制作比萨的步骤基本相同,想必大家一定可以轻松搞定。

芝士口味蓝莓派

大份

蓝莓派

◎ 坯身（直径18厘米1个或10厘米4个）

低筋面粉——200克
盐——1/4小汤匙
白砂糖——大汤匙2个
蛋黄——1个
水——1～2大汤匙
黄油（不含盐的）——100克
蓝莓干——2大汤匙

◎ 奶油

乳酪——100克
白砂糖——30克
鸡蛋——1个
低筋面粉——1大汤匙
鲜奶油——50毫升
柠檬汁——1/2大汤匙

◎ 夹馅

蓝莓果酱——2大汤匙
绵白糖——适量

把蓝莓干撒在已揉好的面饼上

在第8页和第9页，我们介绍了面饼的基本制作方法。现在只要把蓝莓干撒上去即可，就是这么简单。稍微花点时间有条理地把蓝莓撒上去，既好看又能使美味升级。

1. 撒蓝莓干

先将揉好的面饼用擀面杖摊开，把一半的蓝莓干随意地撒上去。由于是将面饼摊好后才加蓝莓干，所以很容易定型。既美观又可口。

2. 擀面饼

用擀面杖擀压面饼，使蓝莓干嵌入面饼当中。然后再将面饼翻过来，重复同样的动作。

大份	小份

3. 定型

请注意:一定要让面饼完全贴在模具上。小窍门就是,用指尖轻轻地按压面饼。

随意地将蓝莓撒上去,美味就可加倍。

蓝莓干不够也没关系,将面饼放入模具定型之后稍加修饰即可。

4. 制作奶油

将恢复至常温的奶酪放入小碗里,用橡皮刮刀进行搅拌。待奶酪变软之后,加入白砂糖,再次搅拌均匀。然后再加入蛋黄汁搅拌均匀。最后按先后顺序放入面粉、鲜奶油和柠檬汁后充分搅拌。

奶油遇酸会变硬,所以建议再放点柠檬汁。

5. 烘焙

先在面饼上涂抹一层蓝莓果酱。然后将上一步做好的奶油浇上去,放入烤箱烘烤35～40分钟,烤箱的温度设为170℃。烤好待其冷却后,用过滤网把粉状的砂糖撒上去。

用稍微大一点的勺子将蓝莓果酱均匀地摊开。而调制的调味酱只要浇在中间部分即可。

小个的蓝莓派,可以用小勺子添加调味酱。

各种各样的坯身

学会了最基本的坯身制作方法之后，我们不妨发挥一下创意，添加各种材料，尝试着做各种口味的坯身。当然，大家在根据自己的喜好选择材料时，也要考虑到材料相生相克的问题。

比萨

咖喱
刺激着你的味蕾和你的眼球，美味又多彩

（第41页）

荷兰芹
带给你无限清爽的美味和诱人的香气

（第48页）

藏红花和蒜片
色香味俱全

（第32页）

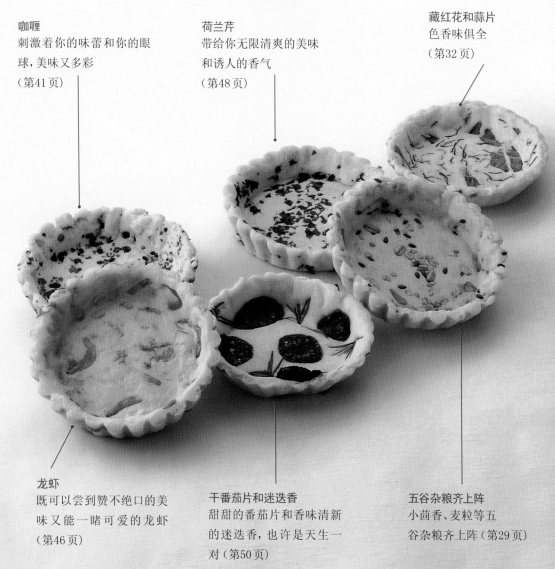

龙虾
既可以尝到赞不绝口的美味又能一睹可爱的龙虾

（第46页）

干番茄片和迷迭香
甜甜的番茄片和香味清新的迷迭香，也许是天生一对（第50页）

五谷杂粮齐上阵
小茴香、麦粒等五谷杂粮齐上阵（第29页）

水果挞

蓝莓
当你咬下去的时候，酸
甜可口的美味立即蔓延
开来（第18页）

黑巧克力
可可含量高的黑巧克力也许
会有点苦哦（第75页）

黑芝麻
给你劲脆的享受
（第89页）

桂花
享受独特的风味，而
且美观（第70页）

橘皮
淡淡的苦味儿正适合成熟的
大人们（第76页）

开心果
味道醇厚香浓，平凡中又带着一丝华丽
（第84页）

21

Part 1　轻松烘焙美味坏身

缤纷多彩的花边装饰

面糊放入模具中定型后直接放入烤箱烘烤也是不错的选择。但是，只要我们稍微下点工夫，做点花边装饰，美味就会升级。这也是馈赠亲朋的上上之选。没有专门的工具也没关系，用家里已有的小工具就能完成。

条纹
用小叉子轻轻地在面饼边缘上按几下即可。注意，条纹之间的距离尽量保持均匀。（第38页）

蕾丝花边
使用汤匙的背面，按照由外而内的顺序刻3下。（第72页）

粗条纹
使用筷子比较粗的那一端，倾斜地按下去，保持条纹之间的距离相等。（第34页）

太阳形状
用食指在面饼的边缘处向外按出一个小窝，然后再用另一只手的拇指和食指捏一个角出来即可。（第26页）

西洋象棋形状

用小菜刀在面饼的边缘处，等间距地切下去，然后按照如图所示的那样，将其折向内侧。（第73页）

树叶形状

在面饼的边缘处大体捏出树叶的形状，然后再用小菜刀把树叶的纹理刻上去即可。（第66页）

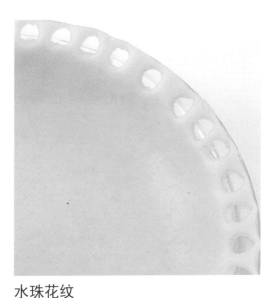

水珠花纹

找一个直径约为1厘米的圆形金属盖，然后等距离地在面饼上开几个洞。没有金属盖的话也可以用吸管来代替。（第82页）

没有模具的花纹

将面饼的最外圈的部分立起来，然后用手指捏出波浪状即可。（第58页）

保鲜妙招

也许有的朋友还在烦恼好不容易做出来的美味食物，什么时候吃才是最好吃的呢？究竟又该怎么储存呢？那么现在就教给大家几个小妙招！不论什么时候，想吃就吃，尽享美好时光。

味道最鲜美的时候

不论怎么说，比萨趁热吃才是最美味可口的。如果你想将比萨切成小块，不妨等5分钟，待其冷却。若比萨和水果挞含有新鲜蔬菜和水果，最好是放到冰箱里，冷藏之后口感更棒！把刚出炉的水果挞放入冰箱（冬天也可以常温保存），低温储存24小时，会别有一番风味。

加热

如果刚出炉的比萨或水果挞冷了，您最好加热后再食用。使用微波炉加热时可以直接加热，不必再包上一层保鲜膜。使用烤鱼网加热，请将温度调至低温，加热时间约为3分钟。

保存

冰箱的保存时间为2～3天，冰柜的保存时间稍长，大约为2周。建议大家还是选用冰柜来保存。因为用冰箱保存会有一个缺点，就是没过多久食物就会变黑，而用冰柜储藏的话，保鲜度就会比较好些。但是，选用哪种保存方法还要根据具体食物来判断。比如说，含有新鲜蔬菜和水果的时候，最好用冰箱保存，且应尽早食用。

二次烘烤之前的面饼的保存方法

先用保鲜膜或保鲜袋把食物包裹起来，放入密闭容器里。然后直接放入冰箱或冰柜进行冷藏。使用的时候，如果是用冰柜保存的，请提前24小时将其转放到冰箱里，以便及时解冻。

完全烘烤过的面饼的保存方法

先用保鲜膜将食物逐个包起来，然后放入密闭容器或袋子里。保鲜膜起到隔离的作用，即使上下重叠起来也OK。用的时候，直接将调味酱或夹馅浇上去即可。

成品的保存方法

分别用保鲜膜包好，放入密闭容器或袋子里。一个袋子里可以同时放几个比萨或水果挞，但请注意，一定要保证相互之间留有一定的空隙。食用的时候，将烤箱温度设定为170℃，烘烤15分钟左右即可。

Part 2

迷你比萨

乳蛋风味

最经典的比萨缺少不了浓浓蛋香味。融入香浓的牛奶和醇香的奶油，其诱惑
难以抵挡。香酥松软，美味无限。

洋葱的甜味完全被释放

洋葱味比萨

◎ **坯身**（直径18厘米 1个）

低筋面粉——200克

盐——1/4小汤匙

蛋黄——1个

水——1～2大汤匙

黄油（不含盐的）——100克

坯身的制作方法请参照第8～11页。

◎ **调味酱**

A
- 鸡蛋——1个
- 牛奶——50毫升
- 鲜奶油——50毫升
- 盐、胡椒粉——少许

请将以上材料充分搅拌均匀后，
放好备用。

◎ **夹馅**

新鲜洋葱——中等大小5个

黄油、色拉油——各1大汤匙

盐、胡椒粉——少量

比萨专用奶酪——40克

● **制作方法**

1. 现将洋葱竖切成6～7厘米
的细条。用保鲜膜包好，放入
微波炉专用的器皿里，加热5分
钟。然后拿掉保鲜膜，再继续
加热5分钟，去除多余的水分。

2. 将黄油和色拉油一齐倒入
平底锅当中，烧热。将上一步
制作好的洋葱放入，进行翻炒，
直到颜色变成茶褐色。再撒上
盐和胡椒粉调味，之后放入已
做好的面饼里即可。

3. 把事前调好的调味酱A浇上
去，再把比萨专用的奶酪自上
而下地撒上去，将烤箱预热到
180℃，烘烤30分钟即可。

在面饼的边缘处用手指捏出合适
的图形。

将洋葱炒到这个颜色的话，
洋葱自有的甜味将会得到完
全释放。

色泽鲜艳的四季豆搭配香甜鲜美的海胆

鲜海胆四季豆比萨

◎ **坯身**（直径10厘米 4个）

低筋面粉——200克

盐——1/4小汤匙

蛋黄——1个

水——1～2大汤匙

黄油（不含盐的）——100克

坯身的制作方法请参照第8～11页。

◎ 调味酱

A ┌ 鸡蛋——1个
  │ 牛奶——50毫升
  │ 鲜奶油——50毫升
  └ 盐、胡椒粉——少量

请将以上材料充分搅拌均匀后，放好备用。

....

奶酪粉——2大汤匙

◎ 夹馅

鲜海胆——适量

四季豆——40粒

● **制作方法**

1. 将四季豆的豆粒取出，放到盐水里煮一下，然后用凉水使其冷却。将四季豆表面的软皮去掉。

2. 将四季豆铺在面饼上，把自制的调味酱跟奶酪粉放到一起搅拌均匀后，浇在上面即可。

3. 将烤箱的温度调到180℃，烘烤约15分钟，然后再把鲜海胆放上去继续烤6～7分钟即可。

※蛋黄液只要稍微凝固就可以。

中华风味的比萨

竹笋叉烧肉比萨

◎ **坯身**（直径10厘米 4个）

低筋面粉——200克

盐——1/4小汤匙

蛋黄——1个

水——1～2大汤匙

黄油（不含盐的）——100克

五谷杂粮——1大汤匙

坯身的制作方法请参照第8～11页。将各种杂粮混合到一起。

◎ **调味酱**

A ┌ 鸡蛋——1个
　├ 牛奶——50毫升
　├ 鲜奶油——50毫升
　└ 盐、胡椒粉——少量

请将以上材料充分搅拌均匀后，放好备用。

· ·

胡椒粉——少量

奶酪粉——2大汤匙

◎ **夹馅**

竹笋（水煮）——150克

叉烧肉——200克

黄油——大汤匙1/2

盐、胡椒粉——少量

● **制作方法**

1. 把黄油放入平底锅用中火加热，将竹笋切成细条，轻轻翻炒，然后加入盐和胡椒粉。再加入切好的叉烧肉，进一步翻炒之后，将做好的馅放入面饼里。

2. 把胡椒粉和奶酪粉加入自制的调味酱里，充分搅拌，然后浇到面饼上。

3. 将烤箱预热到180℃，烘烤30分钟。

Egg TASTE

奶酪味十足的米饭配上营养丰富的鳗鱼

鳗鱼意大利烩饭比萨

◎ **坯身**（23厘米×9厘米 14个）

低筋面粉——200克

盐——1/4小汤匙

蛋黄——1个

水——1～2大汤匙

黄油（不含盐的）——100克

坯身的制作方法请参照第8～11页。

◎ **调味酱**

A ⎰ 鸡蛋——1个
⎱ 牛奶——50毫升
⎰ 鲜奶油——50毫升
⎱ 盐、胡椒粉——少量

请将以上材料充分搅拌均匀后，放好备用。

· ·

奶酪粉——2大汤匙

◎ **夹馅**

烤鳗鱼——1条

米饭——1小碗

胡椒粉——适量

● **制作方法**

1. 先将米饭放入容器里再加入调好的调味酱A，搅拌均匀，然后放入面饼里。

2. 将烤好的鳗鱼铺在米饭上面，然后将烤箱预热到180℃，烘烤20分钟。

3. 撒上胡椒粉。

请用小汤匙将米饭涂抹在面饼上，这样表面才会显得更为平滑。

事先将鳗鱼按照面饼的大小切好，做出来的形状才会更好看。

在清淡的扇贝里加入略带苦味的芥菜花

扇贝芥菜花比萨

◎ 坯身（9厘米×9厘米 4个）

低筋面粉——200克

盐——1/4小汤匙

蛋黄——1个

水——1～2大汤匙

黄油（不含盐的）——100克

藏红花——6朵

蒜片——2大汤匙

坯身的制作方法请参照第8～11页。将藏红花和蒜片混合到一起。

◎ 调味酱

A
┌ 鸡蛋——1个
│ 牛奶——50毫升
│ 鲜奶油——50毫升
└ 盐、胡椒粉——少量

请将以上材料充分搅拌均匀后，放好备用。

◎ 夹馅

扇贝——4个

芥菜花——100克

黄油——2大汤匙

小麦粉——适量

盐、胡椒粉——少量

奶油状奶酪——40克

● 制作方法

1. 把黄油放入平底锅中用中火烧热，撒点盐和胡椒粉，再将裹了薄薄一层低筋面粉的扇贝放入锅中，炸一下，直到扇贝正反两面都呈金黄色。

2. 把芥菜花按2厘米的长度切开，用热水烫一下，然后将其冷却。沥干水分，然后放入面饼中。

3. 把奶油状的奶酪浇到芥菜花上面，把第一步做好的扇贝铺上去，再把酱汁浇上去。

4. 将烤箱预热到180℃，烘烤２０分钟。

香脆无比又时尚健康的双色芦笋

双色芦笋比萨

◎ **坯身**（16厘米×16厘米　1个）

低筋面粉——200克

盐——1/4小汤匙

蛋黄——1个

水——1～2大汤匙

黄油（不含盐的）——100克

坯身的制作方法请参照第8～11页。

◎ **调味酱**

A

　鸡蛋——1个

　牛奶——50毫升

　鲜奶油——50毫升

　盐、胡椒粉——少量

请将以上材料充分搅拌均匀后，放好备用。

◎ **夹馅**

绿颜色的芦笋——5根

白颜色的芦笋——4根

洋葱——1/4个

鸡肉丁——80克

黄油——2大汤匙

盐、胡椒粉、肉豆蔻——各少量

比萨专用奶酪——30克

● **制作方法**

1. 将水烧开，把芦笋放入煮3分钟，然后沥干水分。

2. 把一半的黄油放入平底锅中用中火烧热，然后放入洋葱和鸡肉丁，翻炒至鸡肉颜色发生改变，再放入适量的盐、胡椒粉以及肉豆蔻进行调味，最后放入面饼里。

3. 将剩下的一半黄油放入锅中，用中火加热，将第一步做好的芦笋放进去。稍微翻炒，再撒上盐和胡椒粉调味，铺到面饼上。

4. 把自制的调味酱A浇到上面，再放上比萨专用奶酪，将烤箱预热到180℃烘烤20分钟即可。

番茄风味

使用番茄酱和番茄调制出全新感觉的比萨。吃午餐的时候或是小酌一杯的时候都是不错的搭档。

乳酪的完美释放

番茄乳酪比萨

◎ **坯身**(直径18厘米 1个)

低筋面粉——200克

盐——1/4小汤匙

蛋黄——1个

水——1～2大汤匙

黄油（不含盐的）——100克

坯身的制作方法请参照第8～11页。

◎ **调味酱**

原味番茄酱(如右图所示)

——3大汤匙

◎ **夹馅**

小番茄——3个

乳酪——200克

面包粉——2大汤匙

盐、胡椒粉——少量

罗勒叶——适量

● **制作方法**

1. 将乳酪切成厚度为1厘米的圆片，西红柿切成厚度为2厘米的弓形。

2. 在坯身上涂番茄酱，然后将西红柿和乳酪交替铺满。

3. 撒上面包粉、盐、胡椒，将烤箱预热到200℃，烘烤15分钟左右。

4. 放罗勒叶作装饰。

用筷子轻轻点出漂亮的波纹，也可适当改变筷子的粗细。

番茄酱

小番茄——大约200克

番茄罐头——1罐(大约400克)

洋葱——1个

大蒜——1瓣

月桂叶——1枚

罗勒叶——3枚

橄榄油——3大汤匙

盐和胡椒粉——少量

制作方法

1. 将橄榄油倒入锅中用中火加热，再把切成细条的洋葱和大蒜放入锅中进行翻炒。当洋葱炒成半熟的时候，把切成块状的小番茄和番茄酱加进去。

2. 用木质的铲子将番茄捣成泥，再把罗勒叶和月桂叶放进去，加盐和胡椒粉调味。为了避免番茄酱粘锅底，需要不断地进行搅拌，用微火煮10分钟之后再放一次盐和胡椒粉。

※冷冻储藏的条件下可保存3～4天。

香味四溢的烤沙丁鱼配上红酒，妙不可言

油浸沙丁鱼比萨

◎ **坯身**（直径10厘米 4个）

低筋面粉——200克

盐——1/4小汤匙

蛋黄——1个

水——1～2大汤匙

黄油（不含盐的）——100克

坯身的制作方法请参照第8～11页。

◎ **调味酱**

番茄泥——3大汤匙

芥末粒——2小汤匙

◎ **夹馅**

油浸沙丁鱼罐头——1罐

土豆——2个小土豆

柠檬果肉——少量

奶酪粉——适量

● **制作方法**

1. 将土豆洗干净且去皮后用保鲜膜包好，放入微波炉里加热5分钟。冷却后，切成厚度为3毫米的圆片。

2. 把土豆片放入面饼上，铺均匀后把番茄泥和芥末粒放上去，再把沙丁鱼铺到上面。

3. 将切碎的柠檬果肉和奶酪粉撒上去，将烤箱预热到180℃，烘烤15分钟。

辣味的小香肠配上柔软的茄子，碰撞出新的味觉享受

茄子香肠比萨

◎ **坯身**（直径18厘米 1个）

低筋面粉——200克

盐——1/4小汤匙

蛋黄——1个

水——1～2大汤匙

黄油（不含盐的）——100克

坯身的制作方法请参照第8～11页。

◎ **调味酱**

A ┌ 番茄泥——2大汤匙
  │ 水——1大汤匙
  │ 西式口味汤汁——1/2小汤匙
  └ 盐和胡椒粉——少量

◎ **夹馅**

茄子——2个

香肠（香辣口味的）——2根

洋葱——1/2个

橄榄油——1大汤匙

比萨专用奶酪——30克

香芹末——适量

● **制作方法**

1. 在茄子和香肠的表面用刀子轻轻划几道，并切成适当大小。洋葱切成宽1厘米左右的片状。

2. 把橄榄油倒入锅中用中火加热，把茄子等放入锅中用中火翻炒，盖上盖子焖煮大约3分钟左右。

3. 将上一步做好的馅放入面饼当中，撒上比萨专用奶酪，将烤箱预热到180℃，烘烤大约20分钟。

4. 将香芹末撒上。

Tomato TASTE

享受淡淡的蒜香及营养丰富的5种蔬菜

法式杂菜烩比萨

◎ **坯身**（直径18厘米 1个）

低筋面粉——200克

盐——1/4小汤匙

蛋黄——1个

水——1～2大汤匙

黄油（不含盐的）——100克

坯身的制作方法请参照第8～11页。

◎ **调味酱**

原味番茄酱（做法参照第34页）

——1/4杯

◎ **夹馅**

茄子——1个

胡萝卜——小半根

洋葱——半个

西葫芦——半个

红辣椒——1/3个

大蒜泥——1小汤匙

橄榄油——2大汤匙

白葡萄酒——2大汤匙

盐和胡椒粉——少量

比萨专用奶酪——30克

● **制作方法**

1. 把橄榄油倒入锅中，再把切碎的大蒜和准备好的蔬菜放入锅中翻炒，再加入盐、胡椒粉和白葡萄酒，盖上盖子用小火焖煮5分钟，注意不要煮到水分变干。

2. 加入番茄酱搅拌均匀，再放入盐和胡椒来调味。

3. 把上一步做好的夹馅放入面饼当中，铺上比萨专用奶酪，将烤箱预热到180℃，烘烤20分钟左右。

由于面饼很软，所以不容易在边缘处雕刻图案，用叉子刻的时候要用点力。

小窍门： 奶酪能够使各种蔬菜很好地粘到一起，所以将奶酪不规则放蔬菜上即可。

咖喱风味

将咖喱粉加到鲜奶油里，做出香味浓郁的酱料。
咖喱的辣味使整道菜的美味完全释放。

螃蟹和牛油果的完美组合，微辣的咖喱唤起你的食欲

螃蟹牛油果比萨

◎ 坯身(直径18厘米 1个)

低筋面粉——200克

盐——1/4小汤匙

蛋黄——1个

水——1～2大汤匙

黄油（不含盐的）——100克

坯身的制作方法请参照第8～11页。

◎ 夹馅

螃蟹肉(用水煮熟,去壳)——100克

牛油果——2个

蛋黄酱——2大汤匙

柠檬汁——2大汤匙

鲜奶油——2大汤匙

咖喱粉——1小汤匙

盐和胡椒粉——少量

奶酪片——2枚

● 制作方法

1. 去掉牛油果的核，把半个牛油果放入碗中用叉子捣碎，再加入蛋黄酱和一半柠檬汁以及鲜奶油和咖喱粉，充分搅拌。

2. 把螃蟹肉放进去轻轻搅拌，撒上盐和胡椒粉调味后铺在面饼上。

3. 将剩下的半个牛油果去皮，切成厚度约5毫米的半月形，再浇上另一半柠檬汁，摆在已放入夹馅的面饼上。

4. 铺上奶酪片，将烤箱预热到180℃,烘烤20分钟即可。

Curry TASTE

巧妙混合鲜奶油和咖喱粉，打造全新亚洲风味

猪肉辣白菜比萨

◎ 坯身（直径18厘米 1个）

低筋面粉——200克

盐——1/4小汤匙

蛋黄——1个

水——1～2大汤匙

黄油（不含盐的）——100克

坯身的制作方法请参照第8～11页。

◎ 夹馅

切成小细条的猪肉——120克

洋葱——半个

杏鲍菇——1个

辣白菜——50克

咖喱粉——1小汤匙

鲜奶油——50毫升

色拉油——1大汤匙

盐和胡椒粉——少量

比萨专用奶酪——40克

● 制作方法

1. 把色拉油倒入锅中用中火烧热，翻炒猪肉直到颜色发生变化。把切成细条的洋葱放进锅中翻炒至颜色变透亮，再把切成细条的杏鲍菇和辣白菜放进去一起翻炒。

2. 撒上咖喱粉调味后继续翻炒，加上鲜奶油略微搅拌后，再撒上盐和胡椒粉调味，最后将馅料放到面饼上。

3. 撒上比萨专用奶酪，将烤箱预热到180℃，烘烤20分钟左右。

奶油风味

醇香嫩滑的奶油口味，深受大家喜爱。
这里既有炖焖口味的比萨，又有适合大人的奶油比萨。

甜甜的芥蓝菜和罐装玉米即可轻松搞定自制奶油浓汤

鸡胸肉芥蓝菜比萨

◎ 坯身（直径18厘米 1个）

低筋面粉——200克

盐——1/4小汤匙

蛋黄——1个

水——1～2大汤匙

黄油（不含盐的）——100克

坯身的制作方法请参照第8～
11页。

◎ 调味酱

黄油——2大汤匙

小麦粉——2大汤匙

水——100毫升

牛奶——100毫升

罐装玉米粒(奶油口味)
——3大汤匙

盐和胡椒粉——少量

◎ 夹馅

鸡胸脯肉——3块(150克)

芥蓝菜——3个

真姬菇——50克

洋葱——半个

● 制作方法

1. 首先将鸡胸脯肉去筋切成2厘米宽的小块。用手把真姬菇撕开，把洋葱切成细条，芥蓝菜去皮切成6块。

2. 将黄油放入锅中，用中火加热，然后放入鸡胸脯肉进行翻炒，直至颜色发生变化，再把洋葱放进去翻炒，炒到洋葱颜色开始发生变化，再撒入小麦粉，继续翻炒，直到小麦粉完全溶解。

3. 倒入水和牛奶，用小火煮开，再把真姬菇和芥蓝菜以及罐装的玉米粒放进去煮，煮到食材都变软即可，然后加盐和胡椒粉进行调味。

4. 把上一步做好的夹馅放入面饼内，将烤箱预热到180℃，烘烤20分钟左右。

小窍门：在翻炒食材的同时要撒入小麦粉的话，不妨以勾芡的方式加入。

炒好的材料首先要放到面饼的正中间，然后用小勺子由内向外均匀摊开。

松软易化的芋头配上富有个性的奶酪

芋头奶酪比萨

◎ **坯身（直径18厘米 1个）**

低筋面粉——200克

盐——1/4小汤匙

蛋黄——1个

水——1～2大汤匙

黄油（不含盐的）——100克

坯身的制作方法请参照第8～11页。

◎ **调味酱**

A
　黄油——2大汤匙
　小麦粉——2大汤匙

将以上两种材料放入小的容器里，充分搅拌好。

◎ **夹馅**

芋头——3～4个（200克）

四季豆——100克

腊肉——30克

洋葱——1/4个

水——200毫升

西式口味汤汁——1小汤匙

牛奶——50毫升

色拉油——1大汤匙

盐和胡椒粉——少量

奶酪——40克

● **制作方法**

1. 将芋头去皮后放入一个小碗里，加1小汤匙盐(另准备1小汤匙的盐)进行腌制。稍等片刻再用水洗净，直到芋头表面的黏滑感完全消失后，将芋头切成两半。

2. 将色拉油倒入锅中用中火加热，把处理好的芋头放入锅中充分翻炒，再将切成1厘米左右大小的腊肉放进去，加入洋葱等配料继续翻炒。

3. 在锅里加入西式口味的汤汁后盖上锅盖，焖煮至芋头完全变软。从锅里盛出2汤匙的汤放入盛调味酱的碗中，充分搅拌，使调味酱完全溶解之后再倒入锅中。

4. 放入牛奶和四季豆，加盐和胡椒粉调味。

5. 把上一步做好的夹馅放入面饼，撒上奶酪，将烤箱预热到180℃，烘烤20分钟左右。

牛肉加上通心粉，分量百分百

通心粉牛肉比萨

◎ **坯身**（直径18厘米 1个）

低筋面粉——200克

盐——1/4小汤匙

蛋黄——1个

水——1～2大汤匙

黄油（不含盐的）——100克

坯身的制作方法请参照第8～11页。

◎ **夹馅**

通心粉——50克

牛肉——100克

洋葱——半个

煮鸡蛋——1个

黄油——2大汤匙

小麦粉——2大汤匙

牛奶——150毫升

盐和胡椒粉——少量

辣椒末——适量

● **制作方法**

1. 通心粉加盐之后放入热水中煮开，沥干。

2. 把黄油放入锅中用中火加热，放入洋葱翻炒，直到洋葱颜色变成透明，再把牛肉加进去翻炒。

3. 撒入小麦粉，继续翻炒，直到小麦粉完全溶解，再倒入水和牛奶，用小火煮开，勾芡。

4. 将第一步的食材放入锅中煮一会，再加入盐和胡椒调味。

5. 将煮鸡蛋六等份后放到面饼上，再把辣椒末撒上去，将烤箱预热到180℃，烘烤20分钟。

蛋黄酱风味

普普通通的蛋黄酱配上奶酪和芥末酱以及辣油，打造独一无二的比萨。

以蛋黄酱和辣油调配的调味酱是主角

虾仁花椰菜比萨

◎ 坯身（10厘米×4厘米 4个）

低筋面粉——200克

盐——1/4小汤匙

蛋黄——1个

水——1～2大汤匙

黄油（不含盐的）——100克

小虾——2大汤匙

坯身的制作方法请参照第8～11页。

◎ 调味酱

A
┌ 蛋黄酱——3大汤匙
│ 鲜奶油——1大汤匙
│ 辣油——少量
└ 干酪——1/2大汤匙

请大家把以上材料充分搅拌后放好。

◎ 夹馅

去皮的虾——中等大小8只

花椰菜——1/4棵

B
┌ 白葡萄酒——50毫升
└ 盐和胡椒粉和色拉油
——各少许

● 制作方法

1. 把虾放锅里加水煮沸，直到虾的颜色变红，然后将其冷却。

2. 将花椰菜分成小块，放到盐水中稍微煮一下，然后去除水分。

3. 将B拌入前两步做好的材料中并放入面饼当中，把调味酱浇上去。将烤箱预热到200℃，烘烤10分钟。

西兰花和金枪鱼的完美结合，给你全新的感觉

金枪鱼西兰花比萨

◎ 坯身（直径18厘米 1个）

低筋面粉——200克

盐——1/4小汤匙

蛋黄——1个

水——1 ~ 2大汤匙

蛋黄——100克

坯身的制作方法请参照第8 ~ 11页。

◎ 调味酱

A

┌ 鱼肉芋头饼——1个(50克)

│ 洋葱——1/8个

│ 蛋黄酱——2大汤匙

│ 鲜奶油——3大汤匙

└ 芥末——1小汤匙

◎ 夹馅

罐装金枪鱼——1罐(80克)

西兰花——1/2棵

● 制作方法

1. 将西兰花切成小块后用盐水煮一下，然后去除多余水分。将西兰花和自制的调味酱一同放到食品搅拌机里搅拌成泥。

2. 将上一步处理好的食材放入面饼中，然后把控干水分的金枪鱼铺上去，将烤箱预热到180℃，烘烤20分钟。

芝士风味

调味酱搭配醇香的奶酪，散发着蔬菜和鱼肉的香味
是蔬菜风味还是奶香口味的比萨？你喜欢的比萨又是怎样的呢？

生火腿搭配新鲜水果给你全新体验，也适合于小宴会

水果生火腿比萨

◎ **坯身**（直径10厘米 4个）

低筋面粉——200克

盐——1/4小汤匙

蛋黄——1个

水——1～2大汤匙

黄油（不含盐的）——100克

荷兰芹——1大汤匙

坯身的制作方法请参照第8～11页。将荷兰芹切成碎末。

◎ **调味酱**

软奶酪——100克

无核的黑橄榄——4粒

柠檬汁——1小汤匙

盐——少量

◎ **夹馅**

香瓜——1/4个

去核的葡萄——16粒

生火腿——15片

黑胡椒——适量

● **制作方法**

1. 先将软奶酪倒入一个碗中使之慢慢融化，再加入切成细末的黑橄榄。浇上柠檬汁，撒上盐进行调味，然后放入面饼中。

2. 把生火腿切半。将香瓜去皮去籽后挖成圆形，然后和去皮的葡萄一起卷到生火腿里面。再放到面饼里。

3. 撒上黑胡椒即可。

外形精致可人，
酸酸甜甜就是它

黄瓜熏鲑鱼比萨

◎ 坯身（10厘米×25厘米 1个）
低筋面粉——200克
盐——1/4小汤匙
蛋黄——1个
水——1～2大汤匙
黄油（不含盐的）——100克
坯身的制作方法请参照第8～11页。

◎ 调味酱
A ┌ 洋葱——1/4个
  └ 藠头——3粒
B ┌ 橄榄油——1大汤匙
  │ 芥末酱——1/2小汤匙
  └ 盐和胡椒——少量

◎ 夹馅
  ┌ 软奶酪——100克
  │ 鲜奶油——2大汤匙
C │ 柠檬汁——1/2大汤匙
  └ 盐和胡椒——少量
黄瓜——1根
熏鲑鱼——15片

● 制作方法
1. 等奶酪变软之后，把C的调味料
放进去，搅拌均匀后放入面饼中。
2. 将黄瓜按照面饼的大小切好，
厚度为1～2毫米，与鲑鱼交叉放
到面饼上。
3. 把A（洋葱和藠头）切成细末之
后与B拌在一起，然后放到面饼上。

柔软的马铃薯加上香滑的奶酪，美味无法抵挡

马铃薯干酪比萨

◎ **坯身**（25厘米×10厘米 1个）

低筋面粉——200克

盐——1/4小汤匙

蛋黄——1个

水——1～2大汤匙

黄油（不含盐的）——100克

干番茄——6～7片

迷迭香——1/3株

坯身的制作方法请参照第8～11页。

◎ **夹馅**

马铃薯（新马铃薯也可以）

　——中等大小4个

A$\begin{bmatrix}\end{bmatrix}$ 水——50毫升

　　西式口味汤汁——1/2小汤匙

干酪——100克

迷迭香——2株

橄榄油——1大汤匙

盐和胡椒——少量

● **制作方法**

1. 将马铃薯六等份后放到耐热的器皿当中，浇上A后用保鲜膜包好。再放到微波炉中加热10分钟，去除水分后放到面饼中。

※如果用的是新马铃薯，请去皮洗净。

2. 将干酪八等份，切成细条，散放到面饼上，再把迷迭香、橄榄油、盐和胡椒撒上去，剩下的迷迭香作装饰。

3. 将烤箱预热到180℃，烘烤20分钟。

酸甜的苹果完美搭档午餐肉

苹果午餐肉比萨

◎ **坯身**（10厘米×10厘米 4个）

低筋面粉——200克
盐——1/4小汤匙
蛋黄——1个
水——1～2大汤匙
黄油（不含盐的）——100克
坯身的制作方法请参照第8～11页。

◎ **调味酱**

A
奶油——4大汤匙
鸡蛋——1个
蒜泥末——1/3小汤匙
盐和胡椒——少量

请充分搅拌后放好。

◎ **夹馅**

小苹果——1个
牛肉罐头——120克
黄油片——1大汤匙

● **制作方法**

1. 将苹果去皮四等份后去核，然后切成厚度为3～4毫米的薄片。午餐肉也按照苹果的大小切好，交错地铺在面饼上。

2. 把A充分搅拌调好后撒到面饼上，把黄油片随意地铺上去。

3. 将烤箱预热到180℃，烘烤20分钟。

适合过敏体质的比萨

专为过敏体质的朋友设计的美味比萨。

不用小麦粉、牛奶、黄油，我们也可以做出香脆美味的比萨。

特别的豆酱衬托出鲑鱼和大葱的美味

鲑鱼青葱比萨

◎ 坯身（直径18厘米 1个）

点心用米粉——100克

玉米片——50克

杏仁粉——50克

盐——1/4小汤匙

水——1～4小汤匙

酥油（植物性油脂）
——100克

坯身的制作方法请参照右图。

◎ 调味酱

A
- 豆浆——50毫升
- 奶油——50毫升
- 北豆腐——50克
- 白芝麻——1大汤匙
- 白色的豆酱——1大汤匙
- 盐和胡椒——少量

请用食品搅拌机把以上材料搅拌
均匀。

◎ 夹馅

稍带咸味的鲑鱼——2片

青葱——2根

● 制作方法

1. 用烤架烘烤鲑鱼和青葱。去除
鲑鱼的骨头和皮并将鱼肉切开，
青葱切成长2毫米的小段，和鱼肉
一起放到面饼上。

2. 把A浇到面饼上，将烤箱预热到
180℃，烘烤20分钟。

专用坯身
的做法

1. 将所需的粉状原料与盐充分混
合，然后用面粉筛进行筛选后放
入密闭容器。

2. 将容器的中部按下去形成一个
小凹槽，加入水，再把事先用微波
炉融化过的酥油加进去。

3. 盖紧密闭容器的盖子，上下左
右晃动30次。

※如果面团没有成型，适当加一大汤
匙的水来调节，然后用橡皮刮刀来搅
拌。

4. 用橡皮刮刀去除粘在盖子和边
上的面饼。

5. 将保鲜膜切成30厘米的正方形，
然后将和好的面饼放到正中间。

6. 将面团揉成厚度约2厘米的圆
形，放到冰柜里冷冻30分钟以上。

※接下来的步骤请参照第10～11页。

在制作调味酱的时候如果没
有食品搅拌机，用研钵代替
也可以。为了充分搅拌均匀，
请用过滤网过滤干净。

奶油口味玉米粒搭配山药汁,给你全新体验

金枪鱼山药比萨

◎ **坯身**(直径18厘米 1个)

点心用米粉——100克

玉米片——50克

杏仁粉——50克

盐——1/4小汤匙

水——3～4大汤匙

酥油(植物性油脂)
　　——100克

坯身的制作方法请参照第52页。

◎ **调味酱**

山药——200克

罐装玉米粒(奶油口味)——60克

盐和胡椒——少量

◎ **夹馅**

金枪鱼——150克

A [酱油——1大汤匙
　　酒——1大汤匙
　　芥末——少量]

大头菜——1棵

海苔丝——适量

● **制作方法**

1. 将金枪鱼切成宽1.5厘米的方块,然后与调味酱搅拌均匀放好。将大头菜切成长3厘米的细条。把山药捣碎放入玉米粒,加盐和胡椒进行调味。

2. 先在面饼上铺一层大头菜,再把腌制好的金枪鱼放上去,再浇上山药汁。

3. 将烤箱预热到180℃,烘烤20分钟,取出之后撒上海苔丝即可。

Anti-Allergy

经典套餐搭配时尚比萨

土豆烧牛肉比萨

◎ **坯身**（直径18厘米 1个）

点心用米粉——100克

玉米片——50克

杏仁粉——50克

盐——1/4小汤匙

水——3～4大汤匙

酥油（植物性油脂）——100克

坯身的制作方法请参照第52页。

◎ **夹馅**

A ┌ 小片牛肉——80克
  ├ 土豆——1个
  ├ 胡萝卜——半根
  └ 洋葱——半个

魔芋粉丝——50克

豆腐皮——6片

B ┌ 酒、酱、油水——各2大汤匙
  ├ 甜料酒——1大汤匙
  └ 砂糖——1大汤匙

色拉油——1大汤匙

干酪——80克

● **制作方法**

1. 将A中的土豆和胡萝卜去皮后切成碎末，洋葱切成长约4毫米的长条。魔芋粉丝切成3厘米的小段，放到过滤网上加热水烫一下。把豆腐皮洗净，用保鲜膜包好放入微波炉里，加热30秒，然后使之冷却，斜切成条。

2. 在锅里淋入色拉油，用中火加热，把A放进去翻炒，直到洋葱颜色发生改变。

3. 把材料B和魔芋粉丝放入锅内，盖上盖子用小火煮，煮到土豆变软。然后取下盖子让水分蒸发掉，再把豆腐皮放进去稍微煮一下，然后把火关掉。

4. 把上一步的材料放到面饼上，把切成1厘米大小的干酪均匀地撒到面饼上面，将烤箱预热到200℃，烘烤10分钟即可。

分量十足的新鲜蔬菜，加点调味汁味道好极了

沙拉比萨

◎ **坯身**（直径18厘米 1个）

点心用米粉——100克

玉米片——50克

杏仁粉——50克

盐——1/4小汤匙

水——3～4大汤匙

酥油（植物性油脂）
——100克

坯身的制作方法请参照第52页。

◎ **调味酱**

A ┌ 橄榄油——2大汤匙
  │ 白醋——2大汤匙
  │ 芥末——1/3小汤匙
  └ 盐和胡椒——少量

◎ **夹馅**

生菜——2片

萝卜叶——少量

番茄——1个

煮熟的鸡蛋——1个

洋葱——1/4个

鳀鱼——3块

无核的黑橄榄——5粒

水萝卜——3棵

B ┌ 米饭——50克
  │ 金枪鱼罐头——1罐（约80克）
  │ 橄榄油——1大汤匙
  └ 柠檬汁——1大汤匙

盐和胡椒——少量

● **制作方法**

1. 把蔬菜洗净，去除多余水分后切成适当的大小。然后把番茄切成厚度约为1厘米的块状，鸡蛋纵向切成4份。把一部分洋葱切成细条作装饰，另一部分切成碎末。金枪鱼罐头去除水分备好。

2. 把材料B和切好的洋葱末放入碗中充分搅拌，加盐和胡椒进行调味，然后放到面饼中。

3. 把蔬菜、鸡蛋、鳀鱼和黑橄榄都铺到上面，然后用水萝卜装饰。

4. 充分搅拌调味酱，然后浇到蔬菜等的上面。

Anti-Allergy

白菜和番茄的甜味配上腊肉，给你简单却实惠的美味

白菜腊肉比萨

◎ **坯身**（24厘米×15厘米 1个）

点心用米粉——100克

玉米片——50克

杏仁粉——50克

盐——1/4小汤匙

水——3～4大汤匙

酥油（植物性油脂）——100克

坯身的制作方法请参照第52页。

◎ **调味酱**

番茄酱

——3大汤匙（制作方法请参照第34页）

◎ **夹馅**

白菜——2片

腊肉——4片

干番茄——10片

橄榄油——1大汤匙

盐和胡椒——少量

● **制作方法**

1. 将白菜洗净，根据面饼的大小将白菜切成块状，用保鲜膜包好，放入微波炉中加热2分钟。

2. 把自制的番茄酱浇到面饼上，然后将白菜和腊肉交错放到面饼上，再把干番茄撒上去。

3. 撒上盐、胡椒，加入橄榄油，将烤箱预热到180℃，烘烤20分钟。

无须造型的比萨

无须使用模具，轻松搞定造型的美味比萨。

用手调整面饼的形状，圆形、四方形，只有你想不到的，没有你做不出来的！

甜甜的红椒配上香肠，无穷无尽的美味任你享受

红椒香肠比萨

◎ 坯身（直径18厘米 1个）

低筋面粉——200克

盐——1/4小汤匙

蛋黄——1个

水——1～2大汤匙

黄油（不含盐的）——100克

坯身的制作方法请参照第8～11页。

◎ 夹馅

红椒、黄椒——各1个

香肠——8根

橄榄果——5颗

橄榄油——2大汤匙

盐和胡椒——少量

比萨专用奶酪——30克

● 制作方法

1. 将红椒放入微波炉或烤架上进行烘烤，直到红椒整体变色为止，然后用纸包起来。待其冷却后把皮和籽去掉，把红椒放到盘子里，再撒上盐和胡椒，加入橄榄油等调味料，然后放入冷柜里冷藏约1个小时。

2. 用手适当调整一下面饼的形状，然后直接放入烤箱里。再把处理好的红椒和香肠放到烤好的面饼上，撒上切成薄片的橄榄。

3. 把比萨专用奶酪铺到面饼上，将烤箱预热到180℃，烘烤30分钟。

一边揪着面饼的外皮一边用手捏出合适的图案。一点一点捏效果会更好。

将烘烤过的红椒趁热用报纸包起来，这样红椒皮会更容易剥掉。

以面包为坯身的比萨

时间很紧的时候或者想要换个口味的时候，不妨尝试一下用面包做面饼。
与手工制作的面饼的味道截然不同，而且面包的外观可以随意改变。

口感酥脆的面包搭配多汁香嫩的肉球，刺激你的味觉

肉丸口味比萨

◎ **坯身**（直径18厘米　1个）

面包片——6片

黄油——2大汤匙

◎ **调味酱**

A
- 鸡蛋——1个
- 牛奶——50毫升
- 鲜奶油——50毫升
- 盐和胡椒——少量

充分混合并搅拌后放入容器中备用。

⋯⋯⋯⋯⋯⋯⋯⋯⋯⋯⋯⋯⋯

奶酪干粉——2大汤匙

◎ **夹馅**

肉片（切成2厘米大小的肉饼之类的也可以）——100克

洋葱——半个

根据个人喜好选择的菌类（蘑菇等）——50克

小白菜——50克

色拉油、黄油——各1/2大汤匙

盐和胡椒——少量

● **制作方法**

1. 把方形的面包片按对角线方向切成三角形，并涂抹上黄油。把涂黄油的一面朝下放，摆好，并放上金属片，将烤箱预热到180℃，烘烤5分钟。

2. 把洋葱切成细条，蘑菇切成小块。切小白菜的时候根据个人喜好切成合适的大小。

3. 把色拉油和黄油放入锅中用中火加热，把洋葱放入锅中翻炒直到洋葱颜色变成透亮。再把小白菜、肉丸及蘑菇等配菜放入锅中继续翻炒，加入盐和胡椒等进行调味。

4. 把奶酪粉放到调味酱A中，将烤箱预热到180℃，烘烤20分钟左右。

把酱汁浇在面饼的中央，就会自然地向四周流散开。

把切好的面包片铺上去，呈放射状放置。

60

圆形的面包外形既时尚又简单

牛肉口味比萨

◎ **坯身**(小型的面包 4个)

法式软面包或迷你面包—— 4个

黄油——2大汤匙

◎ **夹馅**

牛肉丝——100克

洋葱——1/2个

大蒜—— 少量

菌类(杏鲍菇及食用蘑菇
及真姬菇)—— 共计50克

色拉油、黄油——各2大汤匙

红酒——1/2杯

盐和胡椒——少量

干酪——150克

A ┌ 西式汤汁——1 小汤匙
  │ 番茄酱——1/2杯
  │ (制作方法参考第34页)
  │ 月桂叶——1 片
  └ 辣椒粉——少量

※ 没有番茄酱的话可以用番茄泥来
代替(3大汤匙)

● **制作方法**

1. 在面包的1/4处横切一刀,取
出一部分面包芯,并在切口处
涂抹一层黄油。

2. 将洋葱切成薄薄的细条,大
蒜切成末。将杏鲍菇及食用蘑
菇切成薄薄的细条状,把真姬
菇撕成小条放好备用。

3. 在锅中倒入少许色拉油和黄
油,用中火加热,再把切好的洋
葱和大蒜末放入锅中翻炒,直
到颜色变为透亮。再加入牛肉,
翻炒到牛肉颜色开始发生变化,
再把菌类放入锅中继续翻炒。

4. 加入红酒煮开,把A加入锅中,
盖好盖子用小火煮10分钟。把
盖子拿掉,让锅里的汤汁蒸发
掉,再加入盐和胡椒粉进行调
味。

5. 把上一步做好的夹馅放入面
包坯中,再把切成1厘米宽的干
酪放进去,放到烤箱中烘烤,直
到奶酪变得黏稠。

拥有超高人气的比萨！大口地吃掉它，享受奢华的感受吧！

牛排口味比萨

◎ **坯身**(长20厘米 两人份)
法式长面包——1/2个
黄油——2大汤匙

◎ **沙司**
番茄酱
——2大汤匙(制作方法请参照第34页)

◎ **夹馅**
牛排
——2片(100克×2片)
盐和胡椒——少量
色拉油——1小汤匙
洋葱——1/2个
黄瓜泡菜——4份
晒干的番茄——10个
切片奶酪——4片

● **制作方法**
1. 将盐和胡椒均匀地撒在解冻过的牛排表面进行腌制。待锅中的色拉油烧热之后，把腌制好的牛排放进锅里并用中火炸至牛排表层颜色发生变化即可。最后，将炸好的牛排切成合适大小。
2. 将法式长面包均匀切成两半。
3. 把黄油涂到面包上，再把番茄酱涂上去。
4. 把事先切好的洋葱细条、黄瓜泡菜、干番茄、牛排以及切片奶酪一起铺在面包表面，再放到烤箱中进行烘烤，烘烤到奶酪完全融化为止。

巧妙利用边角料

边角料也不要扔掉,只要动动脑筋,再花点工夫仍然可以美味大变身,做出很多好看又好吃的小点心。

香肠口味卷饼

● **制作方法**

把剩余的面饼切成宽3厘米,长20厘米大小,然后用香肠做夹心卷到面饼里面就可以。

黑芝麻椒盐口味卷饼

● **制作方法**

把剩余的面饼切成宽1厘米,长12厘米大小,把黑芝麻撒上去,然后把面饼捏成长条状打结即可。

放入烤箱专用器皿当中,将烤箱预热到170℃,烘烤约20分钟。

Part 3

轻松挑战水果挞

水果风味

苹果、草莓、蓝莓、樱桃等水果大荟萃。
果味十足,既新鲜又美味的水果挞,信手拈来!

用新鲜的苹果或者苹果酱打造经典苹果挞,美味不打折

苹果挞

◎ **坯身**(直径18厘米 1个)

低筋面粉——300克

盐——1/3小匙

白砂糖——3大汤匙

蛋黄——1个

水——4～5大汤匙

黄油(不含盐的)——150克

※装饰用的面饼的用量也包含在内。

坯身的制作方法请参照第8～11页。

◎ **调味酱**

- 苹果——1个(200克)

A ┌ 白砂糖——120克

 ├ 香草棒——1/3根

 └ 桂皮粉——少许

 水——1/4杯

 柠檬汁——1小汤匙

◎ **夹馅**

装饰用的苹果——2个

柠檬汁——2大汤匙

用来提色的果酱——适量

● **制作方法**

1. 将装饰用的苹果切成梳子形状的4份,并去核,再浇上一层柠檬汁以防氧化变色。把A中的苹果去皮去核,切成1厘米的块状。

2. 把处理好的A放到锅中用中火加热,直至苹果变软。然后倒入柠檬汁并不断搅拌,直至水分开始蒸发,然后改用小火慢煮。

3. 把步骤2中做好的夹馅放到面饼当中,再把步骤1中准备好的装饰用的苹果铺到面饼上,将烤箱预热到180℃,烘烤40分钟。

4. 把面饼从烤箱里取出后并冷却,再涂上一层果酱提色。

用树叶形状的模具作为模子,再用小刀刻上具体的纹路。

将材料紧凑地摆成一个扇形,具有良好的视觉效果!

用来提色的果酱适量

┌ 杏仁酱——1/2杯

└ 水——2大汤匙

制作方法

将杏仁酱用过滤网滤过之后再加水稀释,煮一下然后冷却。

鲜味十足的草莓和甜甜的牛奶巧克力，史无前例的完美搭配！

草莓挞

◎ **坯身**(直径10厘米 4个)

低筋面粉——200克

盐——1/4小汤匙

白砂糖——2大汤匙

蛋黄——1个

水——1～2大汤匙

黄油（不含盐的）——100克

坯身的制作方法请参照第8～11页。

◎ **调味酱**

牛奶巧克力——50克

A┌ 鲜奶油——50毫升

 ├ 白糖——20克

 └ 香草精——少量

◎ **夹馅**

小粒的草莓——1小盒

用来提色的果酱(参照第66页）

——少量

开心果——适量

● **制作方法**

1. 先把牛奶巧克力掰成小块放到容器里，再把A放到锅里煮一下，然后把煮好的A倒入盛有牛奶巧克力的容器当中，用橡皮刮刀进行搅拌，同时借鲜奶的温度使牛奶巧克力融化。把调好的酱汁浇在面饼上，然后放冰箱中冷却10分钟左右。

2. 把去蒂的草莓摆放上去，用刷子把提色用的果酱抹上去，再将切成小颗粒的开心果撒上去即可。

酸酸甜甜的蓝莓配上香浓柔滑的奶油

蓝莓挞

◎ 坯身（直径10厘米 4个）

低筋面粉——200克

盐——1/4小汤匙

白砂糖——2大汤匙

蛋黄——1个

水——1～2大汤匙

黄油（不含盐的）——100克

坯身的制作方法请参照第8～11页。

◎ 调味酱

A ┌ 奶酪——100克
  │ 砂糖——20克
  └ 柠檬汁——200毫升

B ┌ 鲜奶油——200毫升
  │ 砂糖——10克
  └ 香草精——少量

◎ 夹馅

蓝莓——1小盒(200克)

蓝莓酱——2大汤匙

薄荷叶——适量

● 制作方法

1. 把A放入容器里搅拌均匀打出泡沫，直至变成奶油状，再将其放入面饼里面。

2. 把B放到容器里，搅拌均匀打出泡沫直到变成奶油状后添加香草精。

3. 把蓝莓酱涂到步骤1准备的材料上面。将步骤2准备的材料从容器中盛出来也涂上蓝莓酱。

4. 把薄荷叶作为装饰点缀上去。

Fruit TASTE

樱桃果肉十足，外形精致可爱

樱桃蛋挞

◎ 坯身 （直径17厘米×11厘米1个）

低筋面粉——300克
盐——1/3小汤匙
白砂糖——3大汤匙
蛋黄——1个
水—— 4～5大汤匙
黄油（不含盐的）——150克
干桂花——2大汤匙

※盖在蛋挞上面的部分也包含在所需材料里面。

坯身的制作方法请参照第8～11页。

◎ 夹馅

大樱桃——500克

A ┌ 白砂糖——80克
  │ 柠檬汁——1/2大汤匙
  └ 水——2大汤匙

B ┌ 玉米淀粉——1大汤匙
  └ 水——2大汤匙

搅拌均匀，以作备用。

C ┌ 蛋黄——1个
  └ 水——1小汤匙

搅拌均匀，以作备用。

● 制作方法

1. 去除樱桃的蒂和核，然后与A一起放到锅里用中火煮5分钟左右。

2. 把B加到步骤1中做好的果酱当中，煮一下之后勾芡，然后冷却。

3. 把步骤2中做好的夹馅放到面饼里面，再把已经刻好图案的另一张面饼铺上去，用小刀把多余的面饼切掉。

4. 在表皮上面涂上薄薄的一层C，将烤箱预热到180℃，烘烤30分钟。

两手拖住面饼然后轻轻地铺到坯身上。

去除多余面饼的时候，请注意上下的面饼有没有完全紧贴在一起。

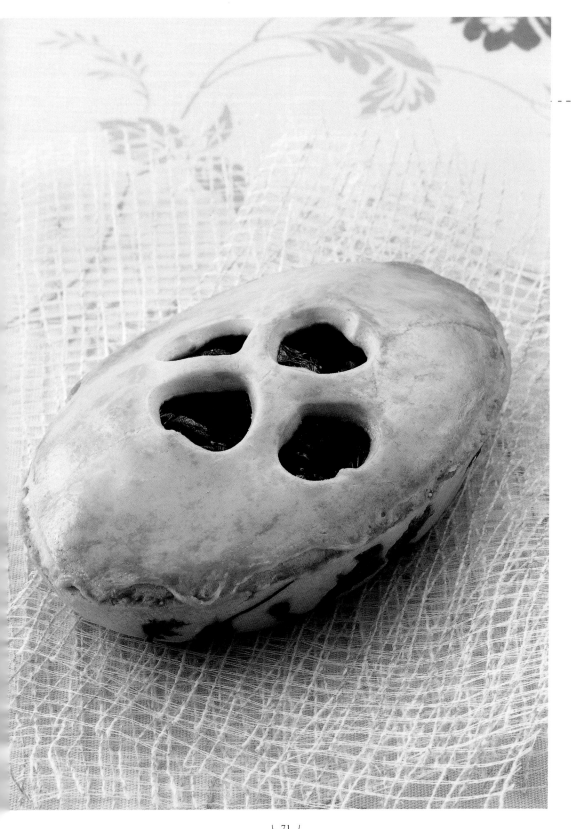

酸味适中的柠檬给你全新的体验

柠檬蛋挞

◎ **坯身**（直径10厘米 4个）

低筋面粉——200克

盐——1/4小汤匙

白砂糖——2大汤匙

蛋黄——1个

水——2大汤匙

黄油（不含盐的）——100克

坯身的制作方法请参照第8～11页。

◎ **夹馅**

A	柠檬汁——50毫升
	白砂糖——70克
	鸡蛋——1个
	蛋黄——1个
	鲜奶油——1个
	玉米淀粉——1个

黄油——30克

棉花糖——6颗

薄荷叶——适量

● **制作方法**

1. 把A中的材料按顺序依次放到容器里面，搅拌均匀。一边过滤一边把材料转移到锅中并用中火加热。然后用橡皮刮刀进行搅拌，直到呈现黏稠状后把火关掉，再把黄油放到锅中进一步搅拌。

2. 把步骤1中做好的夹馅浇到面饼上，然后把棉花糖摆上去做装饰，将烤箱预热到200℃，烘烤约5分钟。待其冷却后把薄荷叶放上去做装饰。

选用的勺子如果是锯齿状的话，更容易刻出漂亮的蕾丝花边。

酸奶口味的调味酱更能衬托出菠萝的香甜气味

菠萝蛋挞

◎ 坯身（**直径18厘米 1个**）

低筋面粉——200克

盐——1/4小汤匙

白砂糖——2大汤匙

蛋黄——1个

水——2～3大汤匙

黄油（不含盐的）——100克

坯身的制作方法请参照第8～11页。由于边缘部分烘烤的时候容易糊，不需要二次烘烤。

◎ 调味酱

鸡蛋——1个

白砂糖——40克

酸奶——80克

A ⎡ 低筋面粉——40克
⎣ 发酵粉——1/2小汤匙

色拉油——1大汤匙

◎ 夹馅

菠萝(罐装的并且是已经切好成块的)——6片

● 制作方法

1. 将罐装菠萝中的水分去掉。把A的材料放到一起充分晃动使之融合到一起。

2. 把鸡蛋和白砂糖放到容器里打沫，直至泡沫变成白色，再加入酸奶并搅拌均匀。

3. 把步骤2的材料加入到A中进行充分搅拌，再加入色拉油。

4. 把步骤3中的材料放入面饼中，再把菠萝块放上去做装饰，将烤箱预热到180℃，烘烤30分钟。

在面饼的边缘处依次切开1厘米的小口，如图所示用手指将其按下去。

巧克力风味

现在为大家介绍醇香巧克力口味的蛋挞和香蕉口味的蛋挞！
既可以当作小零食又可以作为小点心馈赠亲友

- -

夹在巧克力里面的香蕉，一口咬下去即能体验双层夹心的美味

巧克力蛋挞

◎ 坯身（6厘米×6厘米 6个）

低筋面粉——200克

盐——1/4小汤匙

白砂糖——2大汤匙

蛋黄——1个

水——2～3大汤匙

黄油（不含盐的）——100克

坯身的制作方法请参照第8～11页。

◎ 调味酱

甜巧克力——100克

鲜奶油——50毫升

黄油——10克

葡萄酒——1小汤匙

◎ 夹馅

香蕉——1根

可可粉——适量

金箔（如果有的话）——适量

● 制作方法

1. 把鲜奶油放到锅中用中火加热，沸腾之后马上把火关掉。

2. 将黄油和掰成小块的巧克力放到上一步的锅中，使之融化。再加入葡萄酒进行搅拌。

3. 把香蕉横切成厚度2毫米的环状放到面饼中，再把上一步做好的调味酱浇上去，放入冰柜中冷却10分钟。

4. 把过滤好的可可粉撒到面饼上，再用金箔进行装饰即可。

甜而不腻的黑巧克力面饼完美搭配核桃和葡萄干

核桃仁蛋挞

◎ **坯身**（12厘米×6厘米 4个）

低筋面粉——200 克

盐——1/4 小汤匙

白砂糖——2 大汤匙

蛋黄——1 个

水——2～3 大汤匙

黄油（不含盐的）——100 克

坯身的制作方法请参照第 8～11 页。

◎ **调味酱**

黑巧克力——150 克

黄油——75 克

白砂糖——75 克

鸡蛋——1 个

朗姆酒——1 大汤匙

低筋面粉——80 克

发酵粉——1/2 小汤匙

◎ **夹馅**

核桃仁——30 克

葡萄干——20 克

绵白糖——适量

● **制作方法**

1. 把掰成小块的黑巧克力、黄油以及白砂糖放入特用器皿当中隔水煮，煮到黑巧克力完全融化为止。

2. 把已经打好的鸡蛋缓缓地倒入步骤1的材料中，一边搅拌一边把朗姆酒加进去。

3. 把低筋面粉和发酵粉放到一起晃动均匀，直至两者完全融合到一起，再把核桃仁和用热水泡过的葡萄干加进去，搅拌均匀，最后加入步骤2的材料。

4. 把步骤3浇到面饼上，将烤箱预热到180℃烘烤25分钟。待其冷却后再把过滤好的绵白糖撒上去。

蛋奶酱风味

香草口味的蛋黄酱，味道自然清新
随意搭配出甜味十足的水果盘子，轻松地烘烤出属于你自己的美味!

搭配两种橙色。清新爽口的感觉让你回味无穷

橙子蛋挞

◎ **坯身**（边长20厘米的三角形1个）

低筋面粉——200克
盐——1/4小汤匙
绵白糖——2大汤匙
蛋黄——1个
水——2～3大汤匙
黄油（不含盐的）——100克
橘皮——2大汤匙

坯身的制作方法请参照第8～11页。
把切成细条的橘皮放入面饼中。

◎ **调味酱**

蛋黄酱（如下所示）
——总量的1/2
鲜奶油——100毫升
白砂糖——10克
橙酒——1小汤匙

◎ **夹馅**

橘子——1个
脐橙——1个
用来提色的果酱（参照第66页）
——适量

● **制作方法**

1. 剥去橘子和脐橙的皮。
2. 把鲜奶油和白砂糖放到容器里搅拌均匀，打出泡沫直至奶油变成黏稠状。用橙酒调味，再放入蛋黄酱搅拌均匀，然后夹到面饼里。
3. 把橘子和脐橙交错放到面饼上。
4. 用小刷子涂上果酱来调色。

蛋黄酱（适量）

蛋黄——2个
白砂糖——50克
小麦粉——20克
牛奶——200毫升
香草精——少量
黄油——20克

制作方法

1. 把蛋黄和白砂糖放入容器里，打出白色泡沫。

2. 将小麦粉晃动均匀。
3. 把牛奶放到锅中用小火加热，直至冒热气。
4. 将步骤3的材料缓缓地注入步骤2准备的材料中，充分搅拌之后再放入锅中。
5. 一边搅拌一边用小火加热并勾芡，关掉火之后加入香草精和黄油搅拌均匀。然后将面饼放到盘子中，铺一层保鲜膜盖好。

※尽量当天用完蛋黄酱。
※如果使用铝锅，奶油容易变成黑色，请用铜制的锅或不锈钢锅。

Custard TASTE

令你"爱不释口"的香浓柔滑奶油

原味蛋挞

◎ 坯身（直径8厘米的圆形 6个）

低筋面粉——200克

盐——1/4小汤匙

绵白糖——2大汤匙

蛋黄——1个

水——1个

黄油（不含盐的）——100克

坯身的制作方法请参照第8～11页。

◎ 夹馅

A ⌈ 蛋黄——3个
　⌊ 白砂糖——40克

发酵粉——1大汤匙

小麦粉——1大汤匙

B ⌈ 牛奶——150毫升
　⌊ 白砂糖——10克

香草精——少量

● 制作方法

1. 把A放入容器里搅拌均匀。把发酵粉和低筋面粉混合到一起晃动均匀，直至两者很好地融合在一起。

2. 把B放到锅中用小火加热，直至冒热气。然后缓缓地加入步骤1的材料并不断进行搅拌，然后再移放到锅中。

3. 用小火加热并勾芡，关掉火之后加入香草精和黄油并搅拌均匀。

4. 把步骤3准备的材料浇到面饼上，将烤箱预热到180℃，烘烤25分钟。

Custard TASTE

时令水果的大聚会，给你带来奢华的享受

果粒蛋挞

◎ **坯身**（直径18厘米 1个）

低筋面粉——200克

盐——1/4小汤匙

白砂糖——2大汤匙

蛋黄——1个

水——2～3大汤匙

黄油（不含盐的）——100克

坯身的制作方法请参照第8～11页。

◎ **调味酱**

蛋黄酱（参照第76页）

——总量的1/3

鲜奶油——100毫升

白砂糖——10克

◎ **夹馅**

香蕉、猕猴桃、哈密瓜、菠萝、蓝莓、葡萄、草莓、苹果等适量

● **制作方法**

1. 把鲜奶油和白砂糖放入容器里打出白色泡沫，再加入蛋黄酱搅拌均匀。

2. 将各种水果作为装饰点缀上去。

杏仁奶油风味

柔滑的黄油与奶油,配上杏仁的诱人香气
甜甜的水果与栗子的完美搭配

香脆的洋梨,香气诱人

洋梨蛋挞

◎ **坯身**(10厘米×25厘米 1个)

低筋面粉——200克

盐——1/4小汤匙

白砂糖——2大汤匙

蛋黄——1个

水——2～3大汤匙

黄油（不含盐的）——100克

坯身的制作方法请参照第8～11页。

◎ **调味酱**

蛋黄酱(参照第76页)

朗姆酒——2大汤匙

◎ **夹馅**

蜜汁洋梨

——1罐(固体状250克)

用来提色的果酱——适量

● **制作方法**

1. 将洋梨去除水分后保留其果肉部分。

2. 将朗姆酒加入到杏仁口味奶油中,搅拌均匀后放到面饼里,将烤箱预热到180℃,烘烤30分钟。

3. 冷却后涂上果酱提色。

杏仁口味奶油(适量)

奶油——100克

绵白糖——100克

蛋黄——2个

杏仁粉——100克

香草精——少量

制作方法

1. 把鲜奶油和一部分绵白糖放入容器里搅拌成黏稠状,再把剩下的绵白糖添加进去并搅拌均匀。

2. 分3次将搅拌好的蛋黄加进去,并搅拌均匀。

3. 把杏仁粉加进去,然后用打蛋器搅拌均匀,再把香草精放进去搅拌均匀。

※如果用冰柜冷藏可以保存1个星期。

Almond TASTE

Almond TASTE

甜甜的板栗完美搭配杏仁口味奶油

板栗蛋挞

◎ **坯身**(直径18厘米　1个)
低筋面粉——200克
盐——1/4小汤匙
白砂糖——2大汤匙
蛋黄——1个
水——2～3大汤匙
黄油（不含盐的）——100克
坯身的制作方法请参照第8～
11页。

◎ **奶油**
杏仁口味奶油（参照第80页）

◎ **夹馅**
煮好的板栗——8颗
杏仁切片——2大汤匙

● **制作方法**
1. 把1/3的杏仁口味奶油涂到
面饼上，放上板栗，然后再把剩
下的奶油涂上去。
2. 放上杏仁切片，将烤箱预热
到180℃，烘烤30分钟。

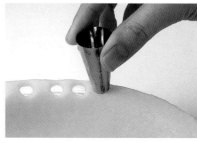

如果没有金属盖也可以用心形或者星星图
案的金属盖来代替，外形更可爱。

栗子既可以是甜栗，
也可以使用蜜饯果
子。

奶酪风味

与烘烤过的奶酪蛋挞一样经典。
稍微带点酸味的芝士与蛋挞皮的巧妙搭配。

酸酸的冻芝士配上开心果，美味升级

冻芝士蛋挞

◎ 坯身(直径18厘米 1个)

低筋面粉——200克

盐——1/4小汤匙

绵白糖——2大汤匙

蛋黄——1个

水——2～3大汤匙

黄油（不含盐的）——100克

开心果——2大汤匙

坯身的制作方法请参照第8～11页。将开心果粗略切一下，掺进去进行搅拌（不含盐的）。

◎ 夹馅

奶酪——200克

白砂糖——80克

酸奶——150克

鲜奶油——100毫升

柠檬汁——1小汤匙

A ┌ 粉状的明胶——5克
  └ 水——2大汤匙

开心果——适量

● 制作方法

1. 根据面饼的大小用一张厚纸板在其表面刻一个边框。将明胶放入耐热容器里，用水将其泡开，放好备用。

2. 把解冻好的奶油放入容器里搅拌成黏稠状，然后加糖搅拌均匀。

3. 把酸奶、鲜奶油以及柠檬汁加进去，并用筛子过滤。

4. 将A放到微波炉里加热30秒，使之溶解，加到步骤3准备的材料中搅拌均匀。

5. 将上一步做好的材料放到面饼里(面饼使用较厚的纸包裹起来)，放入冰柜里冷却2小时使之变硬。

6. 把敲成碎末的开心果撒上去做装饰。

将一张宽约为5厘米的纸套在面饼上面，要求长出面饼底部2厘米。关键是要使纸刚好套在面饼的外圈上。

将开心果装到塑料袋里封好口，然后用擀面杖在上面轻轻敲打。这样既简单又干净卫生。

Cheese TASTE

适合过敏体质的蛋挞

之前提到的专为过敏体质设计的比萨中使用的坯身，
也同样适合于蛋挞。

抹茶口味的蛋挞搭配独特的甜纳豆，令你"爱不释口"！

纳豆抹茶蛋挞

◎ **坯身**(6厘米×6厘米 6个)

点心用米粉——100克

玉米片——50克

杏仁粉——50克

盐——1/4小汤匙

水——3～4大汤匙

酥油（植物性油脂）
　　——100克

坯身的制作方法请参照第52页。

◎ **调味酱**

抹茶——5克

豆乳——100毫升

白砂糖——30克

鲜奶油——100毫升

A ┌ 粉状明胶——5克
　└ 水——1大汤匙

◎ **夹馅**

细砂糖——适量

纳豆——适量

绿茶叶——适量

● **制作方法**

1. 将A的材料用水泡开，放好备用。

2. 将豆乳和白砂糖放到锅中煮至沸腾，然后将火关掉，把步骤1准备的材料加进去使其融化。

3. 把上一步调好的汁缓慢地倒进盛有抹茶的容器里面，打出泡沫并搅拌均匀，再加入冰水。

4. 搅拌鲜奶油，直至打出丰富的白色泡沫。

5. 将细砂糖撒在面饼的边缘部分，再将上一步做好的奶油放到面饼里，撒上纳豆和绿茶叶。

在密闭的容器里将各种低筋面粉搅拌到一起的做法跟普通坯身的制作方法是一样的，具体做法请参照第52页。

将抹茶、豆乳、粉状明胶放到一起搅拌均匀后再加入鲜奶油。

浸泡在薄荷糖浆里的圣女果清新爽口

圣女果蛋挞

◎ 坯身（12厘米×6厘米船型 6个）

点心用米粉——150克

杏仁粉——50克

绵白糖——1小汤匙

酥油（植物性油脂）
　　——100克

豆乳——3～4大汤匙

坯身的制作方法请参照第52页。

◎ 夹馅

圣女果——25颗

A ┌ 水——200毫升
　├ 白砂糖——100克
　└ 柠檬切片——1/2个柠檬

杏仁片——适量

薄荷叶——适量

● 制作方法

1. 先将锅里的水烧开，再把圣女果的蒂去掉放到锅中煮大约5秒钟，然后用过滤网捞出来，去除水分后剥掉皮。

2. 把A加到锅中用中火加热，直至白砂糖完全溶解后关掉火，再加入薄荷。趁薄荷糖浆还热的时候加入圣女果，放入冰箱中冷却1个晚上入味。

3. 把去掉多余水分的步骤2的材料放到面饼里，并把拍成小碎片的杏仁和薄荷放上去作装饰。

Anti-Allergy

百分百重现南瓜的香气, 浓香的奶油带来沁人的美味

南瓜奶油蛋挞

◎ 坯身（直径10厘米 4个）
点心用米粉——100克
玉米片——50克
杏仁粉——50克
绵白糖——1小汤匙
水——3～4大汤匙
酥油（植物性油脂）
　　——100克
黑芝麻——1小汤匙
坯身的制作方法请参照第52页。

◎ 调味酱
南瓜——1/4个
白砂糖——50克
黄油——10克
桂皮香料粉——少量
鲜奶油——3大汤匙

◎ 夹馅
红薯——半根（200克）

A
水——100毫升
白砂糖——1大汤匙
柠檬——1片
盐——少量

● 制作方法
1. 将红薯切成厚度5毫米的银杏叶形状放到锅中，加入A后盖好盖子用小火煮，直至红薯变软，然后冷却。

2. 将去皮后的南瓜切成小块，黑芝麻捣碎，放到耐热器皿中，再加入2大汤匙水（需另外准备2大汤匙水），盖上保鲜膜，放到微波炉里加热4分钟左右，使之变软。

3. 稍微冷却后，加入黄油、南瓜、桂皮香料粉和奶油，放到搅拌机里搅拌至柔滑的膏状。

4. 把上一步做好的膏状奶油涂到面饼上，再把去除水分的红薯放上去做装饰即可。

无须特殊造型的蛋挞

蛋挞的坯身无须模具定型，直接放到烤箱里烘烤也很美味。
轻薄的坯身搭配桂皮糖和干果，极具诱惑力的造型。

只需把桂皮糖和干果卷到里面即可，简单又美味的蛋挞

桂皮蛋挞

◎ **坯身**(10～12个)

低筋面粉——200克

盐——1/4小汤匙

绵白糖——2大汤匙

蛋黄——1个

水——2～3大汤匙

黄油（不含盐的）——100克

坯身的制作方法请参照第8～11
页。无须二次烘烤，把面饼揉
成25厘米×20厘米的大小放好
即可。

◎ **夹馅**

细砂糖——3大汤匙

桂皮粉——2小汤匙

葡萄干——3大汤匙

核桃——5颗

● **制作方法**

1. 用平底锅翻炒一下核桃，然
后用手掰成小块。

2. 将细砂糖和桂皮粉撒到面饼
上，再把核桃撒上去。

3. 从最边缘的地方开始卷起，
切成1.5～2厘米的小段。

4. 将烤箱预热到170℃，烘烤30
分钟即可。

一边将面饼卷起来一边拿掉铺在上面的保
鲜膜。

摆放的时候注意相互之间留有一定的
距离。如果各个面饼的大小厚度一致，
最后烘烤出来会更美观。

巧妙利用边角料做小饼干

在第64页已经向大家介绍了如何巧妙利用剩余的面饼做小零食的方法。

现在就教大家如何制作好看又好吃的小饼干。

椰仁饼干

◎ 夹馅

椰仁(椰肉干)——适量

※其他的果仁也可以。

细砂糖——适量

● 制作方法

1. 将细砂糖均匀地撒到面饼上，然后重新揉成面团，再切成5毫米厚度的环状。

2. 将椰仁撒到面饼上，再放入器皿中，将烤箱预热到180℃，烘烤20分钟。

棉花糖夹心饼干

◎ 夹馅

棉花糖

　　——一块饼干搭配一颗棉花糖

● 制作方法

1. 将面饼的大小控制在棉花糖的两倍左右，厚度约为5毫米，将烤箱预热到180℃，烘烤20分钟，再冷却放好。

2. 将一半以上的棉花糖放到面饼上，将烤箱预热到200℃，烘烤3分钟，直到棉花糖变为焦黄为止。

3. 再利用剩下的饼干做成三明治。

手指状条型饼干

◎ 夹馅

白巧克力——适量

● 制作方法

1. 将面饼捏成长条，长度根据自己的喜好来定，然后将烤箱预热到180℃，烘烤大约20分钟，冷却之后放好。

2. 把白巧克力掰成小块隔水加热，使之融化，然后涂到饼干上风干即可。

三种饼干放到一起烤的时候，一定要时不时地确认一下有没有烤焦。

烘焙工具

计量杯子、大汤匙、小汤匙

计量杯子基本上选用容量为200毫升的。最好是选用刻度明显并且用起来比较方便的，因为要经常称量低筋面粉或盐的重量。

小菜刀

希望大家一定要准备好一把手握起来很舒服并且刀尖比较锋利的小菜刀，因为切蔬菜或者给水果去皮去蒂或者切掉多余面饼的时候都能派上大用场。

重物／（蛋挞专用的小金属圆片）

二次烘烤的时候为了避免面饼膨胀起来，需要把小金属圆片放上去。如果没有合适的金属圆片，也可以用小石子代替，不过要先将其洗净。但是最好能选用有点重量的铝质圆片。

刷子和橡皮刮刀

涂蛋黄或者果酱的时候要使用刷子。尽量选用刷毛较长，根部固定在一起的刷子。搅拌材料或者混合面团的时候使用橡皮刮刀。

厨房秤

称重量时使用。如果仅是家庭用的话，磅秤能承受的重量能达到1千克即可。大家在选择磅秤的时候可以1千克作为最大量程标准。推荐大家选用电子秤，因为它的刻度比较清楚，操作也简单。

过滤网、面粉筛

在收尾的时候用过滤网将白砂糖撒上去。上下左右晃动低筋面粉的时候使用面粉筛。晃动的目的是为了让低筋面粉颗粒更均匀松散，避免结块。

擀面杖

为了方便使用，我们推荐大家选用直径大于4厘米的稍微重一点的擀面杖。擀面杖的材质有很多种，建议选用木质擀面杖。如果只使用一次话，可以用保鲜膜的芯来代替木质擀面杖。

冷却网

用这种金属制的网来盛放二次烘烤过的坯身以及烤好的比萨。如果下面有挂钩的话其散热性能会更好，食品冷却的速度也更快。

密闭容器

密闭容器既可用来混合低筋面粉，又可以用来盛放多余的材料或坯身，具有多种功能。推荐大家选用密封性能较好且透明的密闭容器。

烤箱

烤箱是烘焙的主力，也是不可不备的工具。要烤出美味的西点，选择一台心仪的烤箱是第一步。微波炉无法代替烤箱，它们的加热原理完全不一样。即使是有烧烤功能的微波炉也不行。

图书在版编目（CIP）数据

比萨蛋挞烘焙魔法书 /（日）三宅郁美著；崔珊珊
译. — 杭州：浙江科学技术出版社，2016.1
ISBN 978-7-5341-6726-3

Ⅰ. ①比… Ⅱ. ①三… ②崔… Ⅲ. ①面食—烘焙—
意大利 Ⅳ. ①TS972.132

中国版本图书馆CIP数据核字(2015)第141563号

著作权合同登记号　图字：11-2015-88号

原书名：キッシユ&タルト
Quiche & Tarte © 2009 by Ikumi Miyake
Original Japanese edition published in 2009 by Nitto Shoin Honsha Co., Ltd.
Simplified Chinese Character rights arranged with Nitto Shoin Honsha Co., Ltd.
Through Beijing GW Culture Communications Co., Ltd.

书　　名　比萨蛋挞烘焙魔法书
著　　者　［日］三宅郁美
译　　者　崔珊珊

出版发行　**浙江科学技术出版社**
　　　　　杭州市体育场路347号　邮政编码：310006
　　　　　办公室电话：0571-85176593
　　　　　销售部电话：0571-85176040
　　　　　网　　址：www.zkpress.com
　　　　　E-mail:zkpress@zkpress.com
排　　版　烟雨
印　　刷　北京缤索印刷有限公司

开　　本　710×1000　1/16　　印　张　6
字　　数　150 000
版　　次　2016年1月第1版　　印　次　2016年1月第1次印刷
书　　号　ISBN 978-7-5341-6726-3　定　价　39.80元

责任编辑　王巧玲　　**责任校对**　刘　丹
责任印务　徐忠雷